AF464996

ASSOCIATION FRANÇAISE

POUR

L'AVANCEMENT DES SCIENCES

CONGRÈS DE LILLE

1874

M

PARIS

AU SECRÉTARIAT DE L'ASSOCIATION

76, rue de Rennes.

ASSOCIATION FRANÇAISE

POUR L'AVANCEMENT DES SCIENCES

Congres de Lille — 1874.

Dr Charles PELLARIN

De Paris

SUR LE MODE DE PROPAGATION ET LA PROPHYLAXIE DU CHOLÉRA ÉPIDÉMIQUE EXAMEN DES APPORTS RESPECTIFS A LA SOLUTION DE CETTE QUESTION.

— *Seance du 22 août 1874.*

Au précédent Congrès de l'Association française pour l'avancement des sciences, tenu à Lyon l'an dernier, il a été lu, « sur les moyens de » se préserver du choléra et sur le mode de propagation de cette ma- » ladie par les évacuations alvines des cholériques, » un mémoire au sujet duquel je crus devoir élever une réclamation motivée.

Cette réclamation, le conseil administratif de l'Association ne jugea pas pouvoir sans inconvénient la mentionner à la suite des actes du congrès; mais il me fit inviter à la produire dans la session de 1874. C'est ce que je viens faire aujourd'hui devant la section des sciences médicales. Je vais vous exposer, Messieurs, pièces en main, le litige et vous prier d'en être juges.

J'examinerai s'il est vrai, comme on l'a publié, que ce soit « aux » travaux des médecins anglais de l'Inde » (dont je n'entends pas, d'ailleurs, déprécier le mérite et les titres, en tant qu'on ne les exagérera pas au delà de toute justice et au détriment de droits antérieurs, légitimement acquis); j'examinerai, dis-je, s'il est vrai que ce soit « aux » travaux des médecins anglais de l'armée de l'Inde que nous devons » de connaître quelque chose de positif et de certain sur les causes et » la prophylaxie du choléra (1). »

Tout d'abord, j'écarte du débat la question des causes originelles du typhus indien, question sur laquelle nous ne connaissons rien de précis et qui demeure encore à l'état d'hypothèse. Quant à la prophylaxie de

(1) *Association française pour l'avancement des sciences*, séance générale du 22 août 1873. M. H. Blanc, p. 20.

ce typhus, laquelle dépend surtout de la connaissance de son mode de propagation, c'est autre chose : sur ce point, la lumière, si je ne me trompe, est faite, et je pense avoir contribué quelque peu à la faire par mes observations pendant l'épidémie cholérique de Givet, en 1849.

Mais permettez-moi, Messieurs, de reprendre les choses d'un peu haut : cela ne sera peut-être pas tout à fait inutile pour nous mettre en garde contre les retours de l'esprit de système, disposition si contraire à la recherche et à l'admission de la vérité.

Ceux qui ont, comme moi, fait leurs études médicales pendant la période de 1820 à 1830 (et le nombre s'en éclaircit chaque jour), ceux-là, mes contemporains, peuvent se rappeler que, sous l'empire d'une doctrine baptisée d'un beau nom, la doctrine *physiologique*, les idées de spécificité et de contagion se trouvaient à peu près complétement proscrites du champ de la pathologie.

Ce système, en dépit des coups mortels qui lui avaient été déjà portés, régnait encore en maître chez nous, lorsqu'un fléau pestilentiel, jusque-là étranger à l'Europe, vint l'atteindre et y exercer ses ravages, après avoir traversé de l'est à l'ouest le continent asiatique.

Qu'à l'individualité pathologique nouvelle on appliquât le critère de l'idée alors dominante en médecine, c'était à peu près inévitable. Le choléra épidémique fut donc observé chez nous avec des yeux prévenus, étudié avec des idées préconçues. De là cette résistance obstinée que rencontra tout d'abord, et pendant bien longtemps, l'opinion de la contagiosité.

A cette époque de la première invasion du choléra dans l'occident de l'Europe, c'est en vain qu'un illustre chirurgien de notre pays, Delpech, de Montpellier, qui, dès l'apparition du fléau dans la Grande-Bretagne, avait couru l'y étudier sur place, en était revenu, affirmant la nature contagieuse du mal et réclamant pour la France les mesures de prophylaxie que cette donnée imposait : sa voix ne fut pas écoutée; il ne fut tenu aucun compte de ses sages avis.

Il a fallu bien des efforts, Messieurs, pour triompher, d'une part, des préventions systématiques du corps médical, et, d'autre part, des scrupules qui faisaient craindre à beaucoup de personnes que la divulgation du caractère contagieux du choléra n'eût pour conséquence l'abandon des malades. Aussi, fut-il besoin d'un certain courage à ceux d'entre les médecins qui, les premiers, soit dès 1832, soit même en 1849, osèrent émettre et soutenir l'idée de la contagiosité du choléra épidémique.

Ce fut à la seconde époque seulement que j'apportai mon tribut d'observations à l'appui de la cause alors en très-grande défaveur.

Venu à Paris en juin 1832, j'y avais vu quelques-uns des derniers cas de la première épidémie cholérique; mais je n'avais, avant 1849, aucune opinion, ni sur l'étiologie, ni sur le mode de propagation du mal indien. Ce fut en cette dernière année, à Givet, que, témoin de l'invasion du choléra dans cette petite place de guerre, à la fin d'août et au commencement de septembre, et ayant suivi attentivement le mode de production des premiers cas, je me convainquis, non-seulement de la propriété contagieuse du mal, mais encore du rôle important que jouaient dans sa transmission les déjections des cholériques. Je vis le choléra se déclarer successivement sur diverses personnes qui avaient été exposées à l'influence de ces déjections, et dont quelques-unes n'avaient point eu d'autres communications avec de précédents malades. J'en conclus qu'elles avaient reçu de ces matières le principe morbifique, et je déduisis de plus, en conformité de tout ce qu'on m'avait appris touchant l'intoxication miasmatique, que c'était par les voies respiratoires surtout que pénétrait dans l'économie le poison cholérigène recélé dans les déjections. De là je tirai la conséquence que le premier principe de prophylaxie était de se mettre à l'abri des émanations de ces matières. J'en préconisai, à cet effet, la désinfection immédiate et je la pratiquai au moyen du chlorure de chaux, mis dans les bassins et dans les bailles, au moyen du sulfate de fer en solution, versé dans les fosses d'aisances.

Pour ne pas abuser de vos instants, je m'abstiens de reproduire ici les faits dont la relation, d'ailleurs, se trouve dans deux brochures déposées sur le bureau (1).

Je rappelle seulement que, par une investigation faite avec soin et non sans difficulté, je parvins à découvrir comment le choléra avait été importé par un garçon d'auberge, arrivant de Bruxelles, où régnait l'épidémie, et qui présenta le premier cas le soir même de son arrivée à Givet, le 17 août.

Le deuxième cas se déclara le 25, sur une servante de la maison dans laquelle était traité le premier cholérique. Leurs déjections étaient jetées sur un fumier dans la cour. Autour de celle-ci une série de cas se produisaient presque simultanément, tandis que tous les autres points de la ville restaient encore indemnes.

A la vérité, un capitaine en retraite, habitant dans une autre rue, à 300 mètres environ de distance, fut atteint le 2 septembre et mourut le 3. Mais, circonstance qui me frappa, il avait, seul à peu près des habitués du Casino, établi dans la maison même des premiers cholériques et dont la principale fenêtre ouvrait sur la cour infecte, il avait seul, dis-je, continué de venir y faire sa lecture des journaux. Il n'avait d'ailleurs approché aucun des malades.

(1) *Le Choléra, ou typhus indien*. Paris, 1866. *Le Choléra : comment il se propage et comment l'éviter*. Paris. 1873. J.-B. Baillière et Fils, 19, rue Hautefeuille.

Pendant la nuit du 31 août au 1er septembre, l'épidémie éclatait assez loin de la maison où s'étaient déclarés les premiers cas de choléra, dans une petite caserne adossée au rempart et occupée par deux compagnies du 63e de ligne. Avant la fin de la journée, 19 hommes, tous de ces deux compagnies, se trouvaient atteints et 6 étaient morts.

N'apercevant aucun rapport entre cette seconde série de cas et les précédents, je crus à une influence locale, à une cause d'infection, propre à la caserne, qui aurait déterminé spontanément cette explosion épidémique. Ce ne fut qu'un an et demi plus tard que je parvins à savoir la vérité sur l'origine du choléra parmi les militaires.

Je ne sais quel magistrat instructeur a dit : « Lorsqu'il reste un point obscur et inexpliqué dans une affaire, cherchez bien, il doit se trouver là, quelque part, une femme ». Il y avait ici, en effet, une femme. Le premier militaire qui avait été atteint et enlevé dans la nuit du 31 août au 1er septembre, le grenadier Michel Lefebvre, était l'amant ou le prétendu d'Ursule Dumoulin, la seconde cholérique, et il l'avait visitée pendant sa maladie. Le choléra parmi les militaires, comme parmi les civils, reconnaissait donc pour cause la contagion. L'erreur où j'étais tombé d'abord touchant l'origine du choléra dans la garnison est, si je ne me trompe, l'histoire de toutes les prétendues genèses spontanées du choléra épidémique en dehors du territoire de l'Inde.

Très-impressionné par ce qui se passait ainsi sous mes yeux à Givet, j'adressai en septembre 1849 et pendant les mois suivants, *sur la transmission du choléra par les déjections cholériques*, de nombreuses communications, tant à l'Académie des sciences qu'à l'Académie de médecine.

Les *Comptes rendus* de l'Académie des sciences ont donné, quoique d'une façon très-succincte, les conclusions des mémoires que je lui avais envoyés. Je me borne à en reproduire les extraits suivants :

Séance du 24 septembre 1849. — M. Pellarin, médecin militaire à Givet, communique le résultat des observations qu'il y a faites sur le choléra-morbus et de ses réflexions relativement au mode de propagation de cette maladie. Il est porté à croire que les effluves sortant des déjections des premiers individus atteints ont contribué à faire naître le choléra chez d'autres sujets qui, peut-être, n'en eussent point été atteints, s'ils n'avaient pas été soumis à cette cause d'infection. (*Comptes rendus* de l'Académie, année 1849, 2e semestre, p. 339.)

Séance du 29 octobre 1849. — M. Pellarin insiste de nouveau sur l'opinion qu'il regarde comme lui appartenant exclusivement, savoir que les exhalaisons des matières rendues par les cholériques sont l'agent le plus ordinaire de la transmission de la maladie. (*Comptes rendus*, année 1849, 2e sem., p. 483.)

Séance du 10 décembre 1849. — Conclusions d'une lecture faite par M. Pellarin. « Le choléra ne voyage qu'avec et par les individus qui en ont pris le germe.

» Il faut repousser, comme aussi peu fondée qu'effrayante, l'idée de grandes masses, de colonnes d'air empoisonné, de *nuages cholériques*, qui circuleraient dans l'atmosphère, promenant le fléau indien d'un bout à l'autre du globe; ce qui ne laisserait contre lui aucun moyen de protection.

» En temps d'épidémie de choléra, la désinfection des fosses d'aisances et des matières rejetées par les cholériques, l'enfouissement immédiat de ces matières, si c'est dans les campagnes où la plupart des habitations n'ont pas de fosses d'aisances couvertes, voilà l'essentielle mesure de préservation à mettre en pratique. » (*Comptes rendus*, 1849, 2e sem., p. 693-694.)

Séance du 14 janvier 1850. — M. Pellarin adresse une nouvelle note faisant suite à ses communications précédentes sur ce qu'il considère comme un des principaux moyens de propagation du choléra morbus, l'inhalation des miasmes dégagés des déjections des cholériques. Les nouveaux faits qu'il rapporte lui paraissent mettre hors de doute la nécessité d'employer les liqueurs désinfectantes pour les lits qui ont servi à des personnes atteintes du choléra, et de soumettre aux mêmes procédés de désinfection les linges dont elles ont fait usage, avant de les livrer au blanchisseur. » (*Comptes rendus*, 1850, 1er sem., p. 49.)

Voilà, tels qu'ils se trouvent consignés dans les procès-verbaux de l'Académie des sciences, ma part et mon titre dans la solution du problème posé à la médecine par le choléra épidémique. Il n'y a rien dans les textes que je viens de reproduire, rien dans tout ce que j'ai écrit sur la question, qui puisse autoriser M. H. Blanc à m'attribuer l'opinion qu'il m'a prêtée récemment encore, de la transmissibilité du choléra « par l'haleine ou par le toucher des cholériques ». (*Comptes rendus* de l'Académie des sciences, séance du 18 mai 1874, t. LXXXIII, p. 1419, note de M. Blanc.)

Vers la même époque où avaient lieu mes communications à nos deux Académies, et quelques semaines avant la première de ces communications, je ne fais aucune difficulté de le reconnaître, le docteur John Snow publiait à Londres un écrit sur le mode de communication du choléra, qu'il rapportait aussi à l'influence des déjections cholériques, mais en ne tenant compte que de leur introduction accidentelle par les voies digestives avec les aliments et les boissons ingérés.

Cette doctrine est la même qui a été exposée au Congrès de l'Association française pour l'avancement des sciences, l'an dernier, dans un mémoire qui obtint un grand retentissement. Snow est donc le père véritable de la théorie que M. H. Blanc ne faisait que reproduire, en la présentant comme éclose en quelque sorte dans l'Inde, au cours des années 1867-1868.

Mais si le travail de Snow, publié au mois d'août 1849, précéda ainsi de quelques semaines mes premières communications à l'Académie des sciences, sa doctrine sur la voie de pénétration du poison cholérique dans l'économie diffère essentiellement de la mienne, et elle ne conduit nullement, comme fait celle-ci, à une prophylaxie rationnelle, efficace.

C'est ce dont chacun pourra se convaincre en lisant l'ouvrage de Snow, intitulé : *Sur le mode de communication du choléra* (1) ; je n'ai pu m'en procurer que la 2me édition, portant la date de 1855, mais la préface. de cette 2me édition indique que la 1re avait paru au mois d'août 1849.

Voici la traduction littérale des deux principaux passages de l'écrit de Snow, le passage où il expose la façon dont, suivant lui, se transmet le choléra, et celui dans lequel il trace les préceptes prophylactiques qu'il déduit de son idée touchant le mode de transmission de la maladie. Ils sont traduits de la seconde édition *much enlarged*, beaucoup augmentée (porte le titre), et plus complète par conséquent que celle de 1849.

Extrait de l'ouvrage de Snow, p. 15 à 19 de la 2me édition.

« ... Comme le choléra commence par une affection du canal alimentaire, » et comme nous avons vu que le sang n'est sous l'influence d'aucun poison » dans la première période de la maladie, il suit que la matière morbifique » produisant le choléra doit être introduite dans le canal alimentaire et » en réalité avalée accidentellement, car personne ne voudrait la prendre » intentionnellement. »

Contrairement à l'opinion émise ici par Snow, j'ai toujours pensé, dès le premier moment où je me suis occupé de la question, que c'est sur le sang qu'agit d'abord le principe toxique du choléra. Dans ses leçons faites au Collége de France, en 1832, Magendie cite Hermann, de Moscou, comme ayant déjà signalé, en 1830, une modification des globules du sang des cholériques; suivant cet observateur, ils sont déchirés à leur surface. Examinant à son tour le sang d'une femme morte du choléra, Magendie trouva les globules altérés; « la forme circulaire n'était pas régulière, le noyau opaque ne se montrait pas dans la plupart; leur surface était fanée et ridée » (2).

A la Société médicale des hôpitaux, dans sa séance du 14 novembre 1873, M. le docteur Hayem a communiqué des observations qui confirment les précédentes.

D'après le résultat concordant de ces observations microscopiques, faites à plus de 40 ans d'intervalle, et qui contredisent directement une assertion formelle de M. H. Blanc, « on ne trouve rien d'anormal dans le sang des cholériques » (mémoire précité, p. 29) ; d'après ces

(1) *On the mode of communication of cholera*, by John Snow, member of the Royal College of physicians, second edition, much enlarged and illustrated with maps. — London, J. Churchill, new Burlington street, 1855.

(2) *Leçons sur le cholera, faites au Collége de France* par F. Magendie — 2me semestre de 1832, p. 140.

observations, dis-je, c'est le globule sanguin qui paraît être l'élément anatomique atteint par le poison cholérique.

Je fais remarquer en second lieu qu'il y a dans le raisonnement sur lequel Snow fonde sa théorie un vice essentiel qui saute aux yeux. « Comme le choléra, dit-il, commence par une affection du canal ali- » mentaire, il suit que la matière morbifique produisant le choléra » doit être introduite dans ce canal et être en réalité *avalée.* » Mais de ce qu'une manifestation pathologique débute par des troubles du canal alimentaire, il ne suit pas nécessairement que la matière qui les produit a été introduite dans ce canal et ait pénétré par cette voie dans l'économie. Tout le monde sait que l'émétique, injecté dans une veine ou dans le tissu cellulaire, agit plus promptement pour produire le vomissement que s'il avait été introduit dans l'estomac lui-même.

Je reprends la citation de l'ouvrage de Snow :

« L'augmentation des matériaux morbides doit se faire dans l'estomac et les intestins.

» Les exemples dans lesquels une très-petite quantité de la matière des vomissements et des déjections doit être avalée pour amener l'attaque du choléra sont assez nombreux pour expliquer l'extension de la maladie. Il n'a été rien trouvé qui favorisât plus l'extension du choléra que le manque de propreté, qu'il tienne aux habitudes ou bien à la disette d'eau.

» Les draps de lit du cholérique sont presque toujours humectés par les évacuations, et comme celles-ci n'ont ni la couleur ni l'odeur ordinaire des fèces, les linges se trouvent souillés sans qu'on s'en aperçoive, et à moins que les personnes n'aient des habitudes de propreté scrupuleuse et qu'elles ne lavent leurs mains avant de prendre de la nourriture, elles doivent avaler accidentellement quelques parcelles d'excrétion et en laisser sur les mets qu'elles préparent et touchent. Ces mets sont mangés par les autres membres de la famille qui, dans la classe ouvrière, prennent communément leurs repas dans la chambre même du malade. De là, parmi cette classe, des milliers d'exemples dans lesquels un cas de choléra est suivi de plusieurs autres, tandis que le médecin et d'autres personnes qui ont visité le malade échappent généralement. Les gens qui ne font que suivre le convoi contractent souvent la maladie, parce qu'ils prennent des aliments préparés par des personnes de l'entourage du malade, qui ont touché son linge. »

On voit par cette citation de l'ouvrage de Snow, et je pourrais la prolonger sans sortir du même cercle d'idées, que la pensée, que l'unique préoccupation de ce médecin, c'est que le principe du choléra s'introduit par les voies digestives avec les aliments et les boissons. De là toute la prophylaxie qu'il expose dans les termes suivants, à la page 133 de son livre :

« 1° La plus stricte propreté doit être observée par les personnes qui approchent les malades. Il doit y avoir une cuvette, de l'eau et un essuie-mains dans chaque chambre de malade. La garde-malade et les autres personnes doivent se laver fréquemment les mains et plus particulièrement avant de toucher aux aliments.

» 2° Les draps souillés seront immédiatement plongés dans l'eau, afin d'empêcher que les évacuations, en se désséchant, ne se répandent partout à l'état de poussière.

» 3° Éviter que l'eau employée à la préparation des aliments et en boisson ne soit souillée par aucune infiltration d'égout.

» 4° Quand le choléra règne dans le voisinage, il faut que les provisions apportées aux domiciles soient lavées ou soumises à une température de 212°F.

» En ayant soin de se laver les mains et de prendre les précautions relatives à la nourriture, j'estime qu'une personne peut séjourner sans danger au milieu des cholériques. »

Je viens de donner d'après Snow lui-même l'exposé textuel de ses vues sur le mode de propagation et sur la prophylaxie du choléra. On peut juger combien elles étaient, quant au premier point, incomplètes ;— quant au second point, insuffisantes, pour ne pas dire nulles. Faire consister toute la prophylaxie du choléra dans le soin d'éviter l'ingestion de boissons et d'aliments souillés par les déjections cholériques, c'est la réduire à peu près à rien ; c'est laisser le poison, armé de toute sa puissance, en face de la grande porte d'entrée de tous les poisons miasmatiques, c'est-à-dire les orifices des voies respiratoires.

Un autre médecin anglais, le docteur Budd, de Bristol, grand partisan de la doctrine de Snow dont il ne parle qu'avec les plus grands éloges, fut amené cependant par l'évidence des faits à revenir de l'opinion par trop exclusive de celui-ci.

Dans une brochure portant la date de 1871 et intitulée : *Cholera and Desinfection. Asiatic cholera in Bristol, in 1866*, le Dr Budd s'exprime ainsi, page 7.

« Que le choléra soit transmis par l'eau prise en boisson, le Dr Snow, par ses admirables recherches, l'a depuis longtemps prouvé.

» Se procurer de l'eau pure et couper ainsi une voie importante de communication, c'est conséquemment une très-utile sauvegarde. Mais qu'elle suffise pour prévenir une forte invasion cholérique, cela est entièrement contraire aux faits. Au moment même où j'écris, les particularités d'une irruption de choléra viennent à l'appui de cette remarque :

» Pendant les derniers mois de septembre et d'octobre, dans l'asile des fous du comté de Devon, le choléra attaqua quarante-trois individus et en fit mourir trente sur deux cent quatre-vingt-deux hommes que renfermait l'établissement. Dans le même temps et dans la même maison, les femmes, dont le nombre excédait celui des hommes, n'offrirent pas un seul cas de choléra. Hommes et femmes buvaient de l'eau d'un même puits, eau qui fut d'ailleurs trouvée d'une pureté parfaite à l'analyse. De sorte qu'en cette circonstance, la communication par l'eau fut hors de question. »

Voici donc un admirateur de Snow et de sa théorie, qui constate un fait considérable d'infection cholérique dans lequel ni l'eau prise en boisson, ni les autres *ingesta* n'ont joué aucun rôle.

Que devient en présence de ce fait et de milliers d'autres tout semblables, l'assertion de M. H. Blanc, « que la transmission du choléra a « lieu *presque toujours* au moyen de l'eau employée en boisson ? »

Sans rejeter absolument le mode d'intoxication cholérique par les voies digestives, auquel les expériences de Thiersch, faites en 1854, fournissent un certain appui, je maintiens qu'il est exceptionnel et très-rare comparativement au mode que j'admets comme le plus ordinaire. Je fais observer à ce sujet que les conditions de l'homme exposé à contracter le choléra ne sont jamais celles des souris mises en expérience par Thiersch, qui faisait avaler à ces animaux des morceaux de papier trempés dans le liquide intestinal des cholériques. Les conditions où se trouve l'homme en temps d'épidémie de choléra réalisent plutôt la situation des chats et des chiens des expériences du Dr Lindsay, d'Édimbourg, « qui paraissaient démontrer, dit M. le professeur Robin, dans » son Rapport sur le concours du prix Bréant pour 1866, la transmission » du choléra par les émanations provenant des vêtements portés par les » cholériques, ainsi que de leurs déjections, lorsque ces émanations sont » respirées par des animaux soumis à de certaines conditions d'affaiblis» sement. » (*Académie des sciences*, séance annuelle du 11 mars 1867.)

Etant admis que l'agent de la transmission du choléra réside principalement dans les déjections des cholériques, il existe sur son mode d'introduction dans l'économie deux doctrines :

1° L'une, la doctrine anglaise, que le Dr Snow mit le premier au jour en août 1849, et qui a été reproduite par M. H. Blanc au Congrès de Lyon en 1873 ; d'après cette doctrine l'unique voie (Snow), la voie de beaucoup la plus ordinaire (H. Blanc) d'introduction du poison cholérique dans l'organisme est le conduit alimentaire;

2° L'autre, qu'on pourrait appeler la doctrine française, plaçant aussi l'agent morbifique, non pas exclusivement mais principalement dans les déjections des sujets atteints du choléra, professe que la voie par laquelle il s'introduit le plus communément dans l'économie est la voie pulmonaire. D'où l'indication de la désinfection, de l'enfouissement des matières rejetées par les malades, de l'assainissement ou de la destruction par le feu des effets contaminés; l'indication, en un mot, de toutes les mesures efficaces de préservation.

Cette seconde doctrine, que l'on s'est mis à appliquer de plus en plus pendant les deux dernières épidémies, notamment dans les hôpitaux de

Paris, je crois avoir été le premier à la signaler nettement et à en tirer des conséquences pratiques pendant le choléra de Givet en 1849.

Si, dans mon opinion touchant la propriété des déjections cholériques de transmettre la maladie, j'ai eu un précurseur, ce serait, avant tout autre, un éminent compatriote français que j'ai déjà mentionné, Delpech, de Montpellier. Dans son *Étude sur le choléra*, publiée en 1832, Delpech dit en propres termes, page 273 : « J'ai de bonnes raisons pour » croire que les évacuations des cholériques sont contagieuses et peuvent » donner le choléra. »

Il est remarquable, Messieurs, que ce soient deux chirurgiens, Delpech et Velpeau, qui aient été les premiers en France à reconnaître et à signaler le caractère contagieux de la peste indienne, sur lequel on a depuis tant discuté.

Je ne parle pas ici, malgré mon vif désir de rendre justice à leurs auteurs, je ne parle pas des travaux décisifs dans le sens de la contagion envoyés à nos deux Académies pendant les épidémies de 1849 et de 1854; cela me conduirait beaucoup trop loin.

L'ensemble de ces recherches et de leurs résultats prouve surabondamment une chose dont il convient de prendre acte à l'honneur de notre pays : c'est que, dans l'élucidation de tout ce qui a trait au choléra épidémique, la part des médecins français ne le cède, on peut le déclarer hautement, à celle des médecins d'aucune autre nation.

En ce qui me concerne, autant je tiens à mon droit, autant je me ferais scrupule d'usurper sur le droit d'autrui. C'est ce qui m'a fait désirer d'éclaircir par moi-même ce qu'il pouvait y avoir de fondé dans l'objection que M. H. Blanc a opposée à ma revendication de priorité, en alléguant le travail de Snow.

Or, de ce que je viens d'exposer en produisant des textes authentiques, il ressort :

1° Que Snow, avant moi, a signalé les évacuations alvines des cholériques comme recélant le principe de reproduction de la maladie, mais que, n'admettant pour son introduction dans l'organisme que la voie intestinale, il a proposé pour toute prophylaxie les soins de propreté, précaution utile et bonne sans doute, bien insuffisante toutefois ;

2° Que presque en même temps que Snow publiait à Londres son travail, et sans avoir connaissance de ce travail dont je n'aurais pas manqué de me prévaloir à l'appui de ma thèse alors si contestée ou plutôt si ironiquement accueillie, je constatais de mon côté, à Givet, cette propriété des déjections cholériques d'être le principal excipient de l'agent de transmission du mal, mais en expliquant, circonstance méconnue par Snow, qu'il pénétrait avec l'air pour véhicule, par les voies respiratoires. D'où l'indication des mesures prophylactiques efficaces, la désinfection, etc.

Tels sont nos apports respectifs, à Snow et à moi.

Que maintenant les médecins anglais de l'armée de l'Inde, à une époque de beaucoup postérieure, en 1867 et en 1868, aient par des observations multipliées confirmé celles de Snow, ils ne sauraient lui rien enlever de son droit de priorité.

Que tout en restant à peu près exclusivement dans la donnée de Snow, ainsi que le mémoire de M. H. Blanc en fait foi, à ne voir la cause de la propagation du choléra que dans les aliments et les boissons contaminés, ces médecins en soient venus, comme Budd en 1866, à préconiser la désinfection, ils n'ont fait en ceci que répéter ce que j'avais recommandé et pratiqué à Givet en 1849. Aucun mérite par conséquent ni d'invention ni d'initiative propre ne leur appartient. Ils ont corroboré par des observations nouvelles une vérité acquise. Voilà leur part, toute leur part, et je suis loin de prétendre que ce ne soit rien (1).

Sans doute, la science est, de sa nature, cosmopolite, et elle pourrait être jusqu'à un certain point considérée comme impersonnelle. Peu importent, quant au but d'utilité générale qu'elle poursuit, les noms et la nationalité de ceux qui ont concouru à en établir telle ou telle partie. Mais au point de vue de la justice distributive et de l'émulation à entretenir parmi les chercheurs, il convient que soit reconnue et maintenue à chacun la part, petite ou grande, qui lui revient dans l'élaboration de l'œuvre scientifique. Un tel but est assurément, Messieurs, dans l'esprit de votre institution.

(1) Il est bien entendu, et je le déclare au besoin formellement, que je n'ai point en vue ici les médecins anglais de l'Inde qui assistèrent aux débuts de la première grande épidémie cholérique de 1817, W. Scott, par exemple, Jukis, Jameson et autres. S'il eût été tenu suffisamment compte des remarques consignées dans les Rapports de ces premiers observateurs, on serait arrivé quarante ou cinquante ans plus tôt aux mesures de préservation admises par le Congrès sanitaire international de Constantinople en 1866 et par celui de Vienne en 1874.

Deux citations empruntées à l'article *Cholera* du *Dictionnaire encyclopédique des sciences médicales*, article de M. Laveran, mettront la vérité de cette assertion hors de doute.

Le docteur Jukis (*Report of the medical*. Bombay, 1819), s'exprimait ainsi : « Personne n'a pu ne pas voir que la maladie a suivi les grandes routes du Deckan à Panwell, et je ne sache pas un village dans le Cowcan qui ait été atteint par la maladie sans avoir été visité par des personnes venant d'un lieu infecté. »

Jameson, de son côté, disait (*Report of the epidemic Cholera*. Calcutta, 1820) : « Je ne sais d'où vient le mal, mais ce qui me semble évident, c'est que sa propagation est indépendante des courants atmosphériques, car la maladie vient de s'avancer du nord au sud de Jaulna à Punderpoor, en faisant quinze à vingt milles par jour, avec la même rapidité que celle des voyageurs, marchant en sens inverse de la mousson sud-ouest la plus violente et la plus continue. »

L'importation, partant la contagiosité du mal, ne se trouvait-t-elle pas dès lors établie ?

P. S. — L'Académie des sciences ayant honoré l'auteur d'une de ses récompenses au concours de 1874, on trouvera à la page suivante un extrait du Rapport qui motive cette décision.

ACADÉMIE DES SCIENCES — CONCOURS DE L'ANNÉE 1874

SÉANCE PUBLIQUE ANNUELLE DU 21 JUIN 1875.

EXTRAIT DU COMPTE RENDU PUBLIÉ PAR L'ACADÉMIE.

« **Prix Bréant.** (Commissaires : MM. Andral, Cl. Bernard, baron J. Cloquet, Bouillaud, Gosselin, Sédillot rapporteur.)

» Votre commission a particulièrement distingué les mémoires de M. le Dr *Charles Pellarin* et de M. le Dr *Armieux*, et les a jugés dignes de vos encouragements. »

(Suit l'énumération des travaux envoyés à l'Académie par M. Ch. Pellarin, à partir de septembre 1849.)

« Le fait dominant de ces recherches, dit le Rapport, est la constatation du caractère et des modes de la contagion cholérique. »

Après avoir rappelé comment, dans le principe, toute idée de contagion avait été repoussée, le Rapport continue ainsi :

« L'épidémie qui régna en France et sévit à Paris en 1832 ne modifia pas cette opinion jusqu'en 1849, et l'on doit tenir grand compte à M. Ch. Pellarin, alors médecin attaché à la garnison de Givet, d'avoir nettement reconnu le caractère contagieux de l'épidémie, d'en avoir signalé la transmission par des malades dont l'itinéraire fut suivi et constaté, et d'avoir, sans hésitation, appelé l'attention sur le danger des émanations des déjections cholériques et sur l'importance d'y remédier par des mesures prophylactiques dont le succès fut le résultat de ses conseils.

» M. Ch. Pellarin recommanda l'emploi des solutions de sulfate de fer pour la désinfection des objets contaminés, fit combler les fosses dont les émanations provoquaient et propageaient la maladie, obtint que divers groupes de troupes fussent changés de casernement et adressa plusieurs Communications à ce sujet à l'Académie (1849 et 1850).

» M. Ch. Pellarin n'a pas cessé depuis ce moment, comme nous l'avons montré par l'énumération de ses travaux, de défendre et de propager les mêmes doctrines, et il est un de ceux qui ont le plus contribué à prouver les propriétés contagieuses des déjections cholériques.

» En considération de vingt-cinq années de labeurs utilement consacrés à la poursuite de la vérité, la Commission a cru devoir recommander M. Ch. Pellarin aux bienveillants suffrages de l'Académie. »

Le Rapport apprécie ensuite les Mémoires envoyés par un médecin militaire, M. Armieux, et intitulés : *le choléra à Toulouse; — la Répartition du cholera en France;* — après quoi il conclut « en proposant à l'Académie d'accorder une récompense de 3,500 francs à M. Ch. Pellarin et de 1,500 francs à M. Armieux.

« L'Académie a adopté ces conclusions. »

... — IMPRIMERIE D...

ASSOCIATION FRANÇAISE

POUR L'AVANCEMENT DES SCIENCES

EXTRAIT DES STATUTS ET RÈGLEMENT

Votés par l'Assemblée générale du 27 août 1874.

STATUTS.

Art. 4. L'Association se compose de membres fondateurs et de membres ordinaires ; les uns et les autres sont admis, sur leur demande, par le Conseil.

Art. 5. — Sont membres fondateurs les personnes qui auront souscrit à une époque quelconque une ou plusieurs parts du capital social : ces parts sont de 500 francs.

Art. 7. — Tous les membres jouissent des mêmes droits. Toutefois les noms des membres fondateurs figurent perpétuellement en tête des listes alphabétiques, et les membres reçoivent gratuitement pendant toute leur vie autant d'exemplaires des publications de l'Association qu'ils ont souscrit de parts du capital social.

RÈGLEMENT.

Art. 1er. — Le taux de la cotisation annuelle des membres non fondateurs est fixé à 20 francs.

Art. 2. — Tout membre a le droit de racheter ses cotisations à venir en versant une fois pour toutes la somme de 200 francs. Il devient ainsi membre à vie.

La liste alphabétique des membres à vie est publiée en tête de chaque volume, immédiatement après la liste des membres fondateurs.

Les souscriptions sont reçues :

Au Secrétariat, 76, rue de Rennes;

Chez M. Masson, *trésorier*, 17, place de l'École-de-Médecine.

Les souscriptions des membres fondateurs peuvent être versées en une seule fois, ou en deux versements de chacun 250 francs.

LILLE. — IMPRIMERIE DANEL

www.ingramcontent.com/pod-product-compliance
Ingram Content Group UK Ltd.
Pitfield, Milton Keynes, MK11 3LW, UK
UKHW031057260726
13965UKWH00006B/2192